室内设计风格图典

简约风格

李江军 编

中国电力出版社
CHINA ELECTRIC POWER PRESS

内容提要

　　本系列分为四册，为国内目前应用最广的四类风格，即《简约风格》《美式风格》《欧式风格》《新中式风格》。每册图书图文并茂地剖析了风格发展史与装饰特征、配色重点以及各种氛围的配色方案、装饰材料的选择与应用、室内软装细节的陈设布置；本书邀请十余位设计名师对一些经典的设计方案进行软装陈设手法的深度解析，并精选数百个代表国内顶尖室内设计水平的案例，极具参考价值。

图书在版编目（CIP）数据

室内设计风格图典. 简约风格 / 李江军编. —北京：中国电力出版社，2018.10
ISBN 978-7-5198-2449-5

Ⅰ．①室… Ⅱ．①李… Ⅲ．①室内装饰设计－图集 Ⅳ．①TU238.2-64

中国版本图书馆CIP数据核字（2018）第218219号

出版发行：中国电力出版社
地　　址：北京市东城区北京站西街19号（邮政编码100005）
网　　址：http://www.cepp.sgcc.com.cn
责任编辑：曹　巍　（010-63412609）
责任校对：黄　蓓　王海南
责任印制：杨晓东

印　　刷：北京盛通印刷股份有限公司
版　　次：2018年10月第一版
印　　次：2018年10月北京第一次印刷
开　　本：889毫米×1194毫米　16开本
印　　张：10
字　　数：302千字
定　　价：58.00元

前言

- F O R E W O R D -

对于初次做装修的业主来说，首先围绕着他们的问题就是装修应该采用什么风格。近年来国内流行最广的是新中式风格、简约风格、美式风格以及欧式风格。

新中式风格是在传统中式风格基础上演变来的，空间装饰多采用简洁、硬朗的直线条。例如直线条的家具上，局部点缀富有传统意蕴的装饰，如铜片、铆钉、木雕饰片等。材料上选择使用木材、石材、丝纱织物的同时，还会选择玻璃、金属、墙纸等工业化材料。

简约风格包括现代简约风格、北欧风格、现代时尚风格、后现代风格等。它的特点是将设计的元素、色彩、照明、原材料简化到最少的程度。在当今的室内装饰中，现代简约风格是非常受欢迎的。因为简约的线条、着重在功能的设计最能符合现代人的生活。

美式风格包括美式古典风格、美式新古典风格、美式乡村风格、现代美式风格等。美式风格在扬弃巴洛克和洛可可风格的新奇和浮华的基础上，建立起一种对古典文化的重新认识。它既包含了欧式古典家具的风韵，但又不会像皇室般奢华，转而更注重实用性，兼具功能与装饰。

欧式风格包括巴洛克风格、洛可可风格、简欧风格、新古典风格等。巴洛克风格色彩强烈，装饰浓艳；洛可可风格纤巧、华美、富丽；简欧风格显得清新自然；新古典风格风格传承了古典风格的文化底蕴、历史美感及艺术气息，同时将繁复的装饰凝练得更为简洁精致。

本套系列图书共分四册，分别是《新中式风格》《简约风格》《美式风格》以及《欧式风格》。每册图书图文并茂地剖析了风格发展史与装饰特征、配色重点以及各种氛围的配色方案、装饰材料的选择与应用、室内软装细节的陈设布置；邀请十余位设计名师对一些经典的设计方案进行软装陈设手法的深度解析，最后精选数百个代表国内顶尖室内设计水平的案例呈现给读者。

本书的特点是参考价值高，不仅对四个广受欢迎的设计风格做了深度剖析，而且有海量的最新案例可以直接作为设计师日常进行方案设计的借鉴。此外，本书的内容通俗易懂，摒弃了传统风格类图书中诸多枯燥的理论，即使对没有设计基础的装修业主来说，读完本书后，也能对自己所喜爱的风格有所了解和掌握。

编　者

前言

第一章

1

简约风格

发展史与装饰特征

01

风格发展历史

简约家居装饰风格（以下简称"简约风格"）起源于极简主义，是在二十世纪八十年代中期，在对复古浪潮的革新和极简美学的设计基础上发展起来的，并且在二十世纪九十年代初期开始融入室内设计领域。简约风格以简洁的表现形式满足了人们对空间环境感性及理性的需求。

简约风格家居的装饰特色，是将装饰元素的表象，提升凝练成一种高度浓缩、高度概括的装饰形式，以达到简约但不简单的装饰效果。简约风格的家居设计应以务实的理念为基础，切忌盲目跟风而不考虑户型特点以及自身需求等因素，并且每一个细小的设计和装饰都要经过深思熟虑。简约的美感体现在设计上对细节的把握，舍弃不必要的装饰元素，摒弃传统的陈俗与浮华，将设计的色彩、照明、原材料简化到最少的程度。

简约风格的家居设计运用了新材料、新技术、新手法，与人们的新思想、新观念达成统一，体现了"以人为本"的家居装饰理念。简洁并不是缺乏设计要素，它是一种更高层次的创作境界。在室内设计方面，简约风格没有放弃原有空间的规矩和朴实，也不会对户型结构及硬装载体进行任意改造和装饰，而是在设计上更加注重实用功能，强调结构和形式的完整，并且相对于其他风格来说，简约风格更追求以简单的形式来呈现材料、技术、空间的装饰深度。

简约风格在设计中强调人在空间中的主导地位，注重设计的人性化与自由化。在艺术风格上，主张多元化的统一，崇尚合理的构成工艺，尊重材料的性能，讲究材料自身的质地和色彩的搭配效果，从而为空间带来别具一格的视觉效果。

◇ 简约风格注重以人为本的原则，强调实用功能

◇ 简约风格的设计重点是舍弃不必要的装饰元素，注重对细节的把握

02

风格装饰特征

简约风格家居装饰重视空间设计的功能性和实用性，并且注重呈现空间结构及装饰元素本身的美感，其空间设计重点是简洁洗练，词少意多。简约不是简单的摹写，也不是简陋肤浅，而是经过提炼形成的精、约、简、省。造型简洁，反对多余的装饰是简约风格空间最大的特征。此外简约风格崇尚合理的构成工艺，尊重材料的特性以及材料自身的质地和色彩的配置效果，因此，不需要烦琐的装饰和过多的家具，在装饰与布置中最大限度地体现空间与家具的整体协调。

简约风格的家居设计饱含着现代设计的思潮，其空间设计强调打破传统繁杂虚浮的装饰，反对苍白平庸及千篇一律，并且重视功能和空间结构之间的联系，善于发挥结构本身的形式简约美。往往会以最为简洁的造型，表达出最为强烈的空间气质，从而为家居环境带来了舒畅、自然、高雅的生活情趣。此外，简约风格在保证环境的整体性、流畅性及自然性的前提下，要避免繁杂无用的细节描绘，从而为家居环境带来协调、自然及统一的美感，也有助于营造出简约美观的艺术氛围。此外还可以在细节处点缀跳跃性的饰品提亮整个空间，不仅使整个空间通透流畅，而且还增加了室内的艺术气息。

◇ 见缝插针的收纳设计

◇ 通透感材质的运用

◇ 简洁流畅的直线条

◇ 强调实用性的功能分区

◇ 高纯度色彩体现个性

○ 现代简约风格

现代简约风格的家居空间往往会将玻璃、瓷砖以及铁艺制品、陶艺制品等综合运用于室内，并且注重室内外之间的沟通，以简约的形式给室内装饰艺术创造新意。

在材料的选择上，除了新工艺的手法外，更强调材料的原始质感以及现代简约的造型，以形成对传统家居装饰的突破。简单而富有艺术性的装饰，是现代简约风格家居设计最为典型的特征。以最为简约有效的装饰手法来达到空间及视觉上的丰富，将轻松愉快的气氛带入到日常生活当中，使家居生活不再严肃刻板。这种设计表面上看起来好像是一种简单的借用，但这样的设计手法反而将人们从简单、机械、枯燥的生活中解救了出来，使生活状态变得更加感性丰富。

◇ 利用石材、布艺织物等材料本身的质感凸显家居品质

◇ 夸张的不规则形体和几何色块共同构成一个时尚个性的家居空间

◇ 现代简约风格餐厅

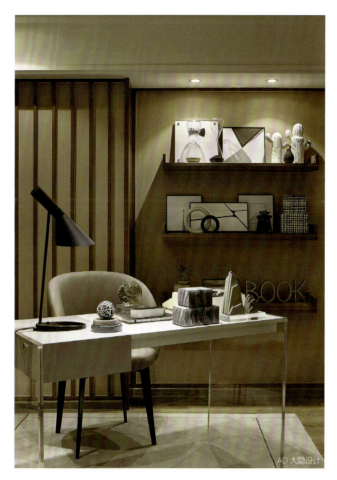

◇ 现代简约风格书房

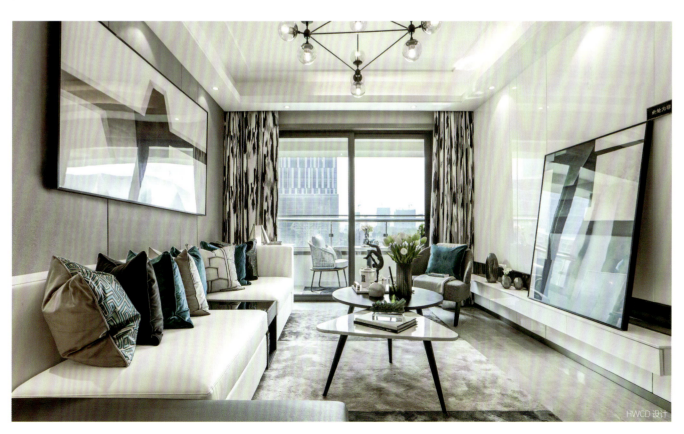

◇ 现代简约风格客厅

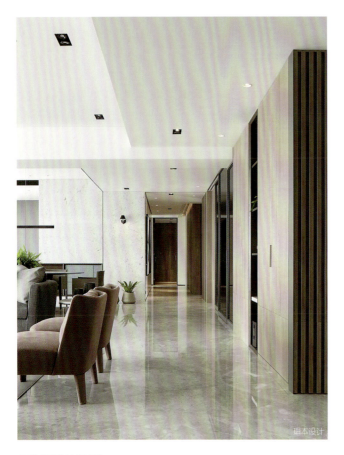

◇ 现代简约风格过道

◇ 现代简约风格卧室

◇ 现代简约风格休闲区

现代时尚风格

现代时尚的家居风格，其空间有着清雅脱俗的视觉表现。"与其铺张浪费，不如简约节俭"诠释了简单即是时尚的家居设计理念。同时标新立异的时尚设计，能给家居环境带来焕然一新的感觉，在提高生活质量的同时，还能让人以轻松的姿态贴近生活的美好。此外由于简约风格的家居空间一般不会很大，因此应杜绝过多的装饰，还原空间本质，并透过高超精细的工艺以及重点家具的装饰，在简约中透露出时尚的气质，打造出时尚感十足的家居空间。

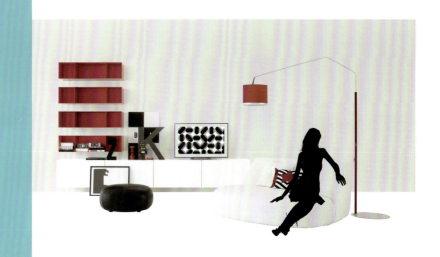

◇ 现代时尚风格过道

◇ 现代时尚风格客厅

◇ 现代时尚风格卧室

◇ 现代时尚风格书房

◇ 现代时尚风格餐厅

现代轻奢风格

现代轻奢风格常以简洁的设计及装饰元素展现出空间简约而华贵的气质。相比其他简约风格，现代轻奢的家居空间多了一些在装饰细节上的考究。在看似简洁朴素的装饰外表之下，折射出一种贵族般的气质，这种气质大多通过一些精致软装元素来呈现。此外，还可以在简约轻奢风格的空间融入充满现代感的功能与科技元素，让家居生活更加高效现代。现代轻奢风格是一种时尚与实用并重的新风尚，在简单的空间中流露出低调奢华的品位。

简约轻奢风格的空间色彩搭配经常以灰白色为主，再点缀少量的棕色，令整个空间更加和谐饱满，加以家具、饰品摆设适度点缀空间，在不刻意追求过分的奢华的基础上，突出了空间在结构层次上的美感。

◇ 金属材料的运用能更好地表现出空间的轻奢气质

◇ 现代轻奢风格休闲区

◇ 现代轻奢风格书房

◇ 现代轻奢风格客厅

◇ 现代轻奢风格餐厅

◇ 现代轻奢风格卧室

2

简约风格

室内空间配色设计

01

简约风格色彩搭配

简约风格的色彩运用较为大胆创新，追求强烈的反差效果以及浓重艳丽或黑白对比。黑白灰色调在现代简约设计风格中常被作为主要色调运用。黑白色被称为无形色，属于非彩色的搭配。此外，以黑白灰为主色调的空间可以选择适量红、黄等高纯度的跳跃色用于点缀，通过花艺、工艺饰品、绿色植物等配饰颜色来完成。这些颜色大胆而灵活，不单是对简约风格的遵循，也是个性的展示。但在搭配时一定要注意搭配比例，亮色只是作为点缀来提亮整个居室空间，不宜过多或过于张扬，否则将会适得其反。

除了黑色和白色在简约风格中运用的比较多外，原木色、黄色、绿色、灰色都可以运用到简约风格装饰中去。白色和原木色的搭配在简约风中可谓是天作之合，木头是天然的颜色，和白色不会有任何冲突。以色彩的高度凝练和造型的极度简洁，用最简单的配色描绘出丰富动人的空间效果，这就是简约风格色彩搭配的最高境界。

◇ 黑白灰是简约风格最常见的搭配

◇ 白色与木色的搭配更显清新气息

◇ 利用亮色作为点缀需要控制好适当的比例

02

现代简约的配色方案

现代简约的家居配色，总给空间一种简单现代、利落大方的感觉。不追逐浮躁的潮流，也不堆砌繁芜的颜色，用简单现代的色彩，让家居配色自成一派，因此也被越来越多的人青睐。

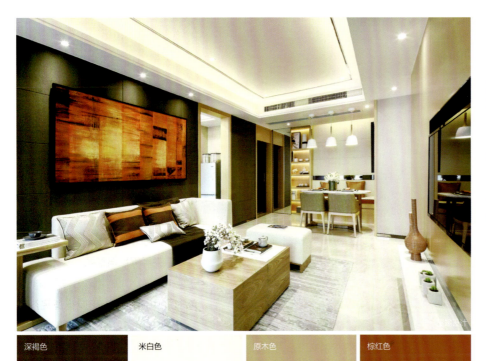

| 深褐色 | 米白色 | 原木色 | 棕红色 |

棕色系典雅中蕴含着安定、沉静，给人情绪稳定、容易相处的感觉。没有搭配好的话，会让人感到沉闷，单调。所以笔触像火焰一般跳跃的装饰画色彩明亮，增强了空间的张力。作为主要功能使用的沙发和茶几都采用柔和的色调，能传递出一种理性有序的隐喻。

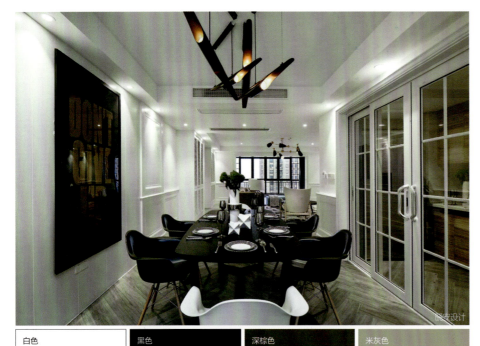

| 白色 | 黑色 | 深棕色 | 米灰色 |

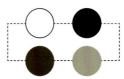

近乎没有多余装饰的白色的墙面和冷静的黑色餐桌椅赋予了该空间鲜明的个人特征，荷兰叉骨式镶木地板在黑与白的衬托下并不暗淡，反而与其他材料完美地融合并凸显出细节。

简单素雅的颜色在简约风格中是永远不会过时的色彩搭配，而且可以让家居空间显的清新文艺。同时还为空间营造出了一种低调的文艺感，远离浮华与焦躁，让人觉得从容自在。

03
清新文艺的配色方案

浅木纹色	黑色	草绿色	原木棕色

白色作为主色调，在肌理较为统一的前提下，将柜体与固定家具设计成同色，可减少柜体与家具的厚重感，并在视觉上保持协调。主体色采用原木色系，加强北欧风格的轻松愉悦感，点缀色采用黑色与草绿，一方面与背景色形成长调对比，另一方面与原木色形成中调对比，营造舒适轻盈的氛围。

原木色

婴儿粉蓝

嫩姜黄

黑色

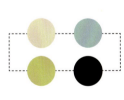

白色的出现如果覆盖墙地顶，就会出现极其纯粹的光影空间，在这样纯粹的空间里，主体色的选择尤为重要。本案采用了原木色与婴儿粉蓝的灰度补色搭配，令空间温和柔软，而嫩姜黄与黑色的点缀，形成长调对比，在明度上节奏强烈。

04
现代轻奢的配色方案

中性色系的运用能在家居空间里营造出稳重、低调、轻奢的感觉，配合着浅雅的基础色，让整个居室的色彩显得灵动而富有层次。再加上金属饰品的运用，以金属硬朗华丽的色泽提升了空间的质感，同时也加强了家居空间的轻奢格调。

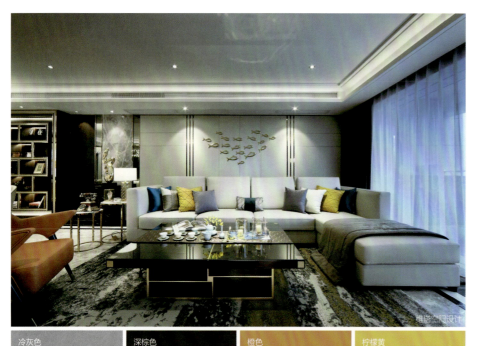

| 冷灰色 | 深棕色 | 橙色 | 柠檬黄 |

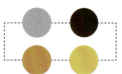

冷灰色背景色弱化主要家具的体量感，深棕色与金色的主体色明确轮廓的关系，在点缀色上加入四种色彩去呈现，虽显杂乱，却又不乏趣味，亦是一种有趣的设计。

| 玉质灰色 | 浅木纹棕色 | 金棕色 | 柠檬黄色 |

本案以色彩明度进行搭配设计，整体基调通过孔雀蓝玉的暖灰色与木饰面的浅棕色来铺陈，并以此为中间调，在主体色的选择上，以高调的米白色，加上低调的金棕色与深灰色进行多方位的区分，拉开整体的对比关系，最后通过偏冷调的柠檬黄来提亮空间，以此达到中短调的配色效果。

高纯度的亮色不仅不会给空间带来压力，反而能为家居环境带来时尚前卫的感觉，同时也代表了无数人追求个性姿态的一种渴望。但在运用时一定要注意搭配比例，亮色一般只作为点缀来提亮整个居室空间，不宜过多或过于张扬。

05
时尚前卫的配色方案

白色	黑色	灰色	古铜色

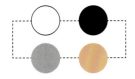

原木色	水蓝色	明黄色	白色

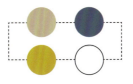

银色的镜面带来空间的无限延伸，以及现实与虚幻的微妙转变。内敛的黑，纯净的白，调和的灰，好似空间隐藏着更深层的欲望，有待发掘。经典的蘑菇云吊灯，更像一首冷峻而炙热的诗，展现了颓废中的浮生之美。

明黄色给人以轻快、明亮、充满希望的心理暗示，黄色是最健康的阳光色。在洁净的蓝色沙发后用摩登的笔触晕染而成的装饰画是本案的神来之笔，搭配着其他的黄色单品。黄色与蓝色接近1：1的占比，使得空间平稳和谐。

色彩丰富的单体家具，组成了空间里的色彩盛宴。纯白色的主体沙发，搭配造型诙谐幽默的柠檬黄与群青色的单人沙发，主题鲜明。玫红色的圆毯，在诙谐的空间中成为了必不可少的点缀。远处装饰画融合了空间里的色彩，在黑色文化石映衬下，更显突出。色彩丰富的空间，富有强烈的视觉冲击力和感染力。

黑色	柠檬黄	群青色	玫红色

浪漫的银灰蓝和银白色的基调，温暖的木质材料，这些浅色的基调为房屋主人提供了一个可以随意转换的前提，调整配饰，点缀流行色也会更加容易。樱桃红色的沙发年轻而富有生命力，让旁观者感受到空间创造时的创作热情和力量。

银灰蓝	银白色	原木色	樱桃红

室 内 设 计 风 格 图 典

第三章

3

简约风格

室内空间装饰材料

◇ 在施工方式上可通过凹凸铺贴的方式表现层次感

简约风格注重家居空间的合理布局与日常使用功能的完美融合，其空间的核心是功能第一，在造型和设计上提倡简约，强调含蓄简单，提倡以少胜多，尽可能地把设计元素、照明以及原材料等简化到最少。在色彩上，简约风格的空间基础颜色一般为大面积的灰色调、白色调。同时，在局部空间搭配原木、水泥、拼花马赛克等个性材料用以点缀，让整个家居空间简约感十足的同时，又足够的时尚清爽。

◇ 大面积混漆刷白的材料更能凸显视觉空间感

简约风格的空间整体呈现出来都是非常简洁的，虽然装饰的元素不多，但是在颜色和布局上，却有着简约美学的讲究。简约风格偏好选择天然材质或仿天然材质的元素作为发挥的好素材。除了墙纸、涂料、瓷砖之外，多使用不锈钢、大理石、玻璃或人造材质等工业性较强的材质，以及强调科技感的元素。简约风格家居装饰以其简单、时尚、通透、大气的特点，给空间营造了一种舒适温馨的生活氛围，而且增加了生活品位格调，很适合如今年轻人所追求的极简生活方式。

黄正轩设计

◇ 水泥自流平地面在简洁中又透露出工业风的气质

01

顶面装饰材料

○ 石膏板吊顶

吊顶对于家居装饰来说有着举足轻重的作用。对顶面实行合理的装饰，不仅能美化室内环境，还能营造出简约空间的艺术形象。

层高过低的简约风格客厅可以用石膏板做四周局部吊顶，形成一高一低的错层，不但起到了区域装饰的作用，而且在一定程度上对人的视线进行分流，形成错觉，让人忽略掉层高不足的缺陷。另外，还可以借助环境光源的辅助增强石膏板吊顶在简约空间中的装饰效果，如在设置了主照明的基础上，还可以在吊顶的内侧设灯带，让光线从侧面射向墙顶和地面，这样可以丰富整个区域空间的光照形式，更重要的是可以配合吊顶形成视觉上的错觉，在无形中增加了空间的高度。

如果在厨房采用石膏板吊顶，一般要采用防水的石膏板材料，再搭配防水的乳胶漆，这样才能避免油烟的侵害，清洁起来也更加方便。

◇ 弧形石膏板吊顶

◇ 迭级式石膏板吊顶

◇ 厨房选择石膏板吊顶应选择防水石膏材料

◇ 利用石膏板吊顶区分客厅和餐厅两个功能区间

◇ 面积较大的空间可制作造型相对复杂的吊顶，消除横梁的影响

镜面吊顶

在相对较小、较封闭的简约风格空间中，巧妙地运用镜面材质能够很好地起到延伸视觉空间的作用。在现代简约风格的客厅中，吊顶使用茶镜或灰镜装饰可以增加空间的现代感和品质感。但要注意如果在空间的顶面安装小块的镜子，最好先预埋一块木工板。如果在镜子两边各加一圈线条，还可以让镜子和吊顶之间形成一个过渡，使空间更富有层次感。

在简约风格中，如果家居客厅的采光不足，或者主灯的光线无法满足客厅的灯光需求，那么可以采用在镜面吊顶上设计暗藏灯带的方式来弥补采光上的缺陷，让光线从镜面吊顶的边缘折射出来，这样的光线不仅不刺眼，而且还能有效地缓解低层高所带来的压抑感。此外，在设计镜面吊顶的时候应选择使用钢化夹胶玻璃，因为钢化夹胶玻璃即使是破裂之后也不会直接掉下来，因此安全性会更高。

◇ 利用镜面吊顶改善层高较低的缺陷

◇ 采光不足的客厅适合通过镜面吊顶反射光线

○ 顶角线

顶角线也可称为阴角线，除了具有装饰作用外，还有着在视觉上分隔空间的效果，从而能够让顶面空间显得更为立体。此外，在简约风格的空间里如果墙面和顶面不成直角时，顶角线还有着遮盖线路走向的作用。

目前使用最为普遍的顶角线可分为石膏顶角线和木质顶角线两种材质。其中石膏顶角线是最为常见的一种，有着性价比高、坚实耐用、样式丰富、安装简单等多种优点。而木质顶角线一般用于偏欧式古典装修中，因其制作复杂，所以相对来说成本也较高，除此之外如果保养不当木质顶角线还会发生开裂掉漆等现象。

◇ 简约风格中常用的石膏顶角线

◇ 层高较低的客厅可不做任何吊顶，只选择石膏顶角线作为装饰

02

墙面装饰材料

○ 墙纸

简约风格的家居墙面适合铺贴色彩淡雅的纯色墙纸，除了墙纸本身的颜色之外，无须其他颜色及图案作为点缀。简单纯粹的素色墙纸，让简约的空间更具气质。如果选择使用亚麻纹理的纯色墙纸，可以让简约风格的家居墙面显得更有质感，从而凸显出简约大气的家居氛围。

如果觉得纯色壁纸过于单调，则可以在墙纸上设计线条简单色彩清新的图纹，这样不仅可以丰富墙面空间的装饰效果，而且还能让简约风格的空间更富有生命力。

在简约风格的空间采用竖条纹的墙纸，能为家居带来时尚的现代美感，同时竖条纹还可以在墙面上制造出接天连地的纵深感，从而在视觉上增加了空间的层高。除此之外，还有很多墙纸都适用于简约风格的空间，但其作用都是为了使居室空间看起来简单大方，让家居环境呈现出宽敞、明亮和舒适的感觉。

◇ 儿童房适合选择富有童趣图案的墙纸

◇ 具有较强立体感的图案仿佛从墙面上呼之欲出

◇ 菱形图案通过色彩明度的变化制造出立体感和层次感

◇ 竖条纹墙纸可有效增加空间的视觉层高

○ 乳胶漆

乳胶漆是以合成树脂乳液为基料，通过研磨并加入各种助剂精制而成的涂料，也叫乳胶涂料。乳胶漆是目前使用最广泛的墙壁装饰材料之一，而且品种较多。按其特性不同可分为通用型乳胶漆、抗污乳胶漆、抗菌乳胶漆、水溶性内墙乳胶漆、内墙乳胶漆、无码漆等。乳胶漆有着传统墙面材质所不具备的优点，如易于涂刷、覆遮性高、干燥迅速、漆膜耐水、保色性、易清洗性等。

简约风格的空间一般会使用颜色偏淡且接近自然色，尤其是偏爱冷色调的乳胶漆，比如在墙面涂刷白色的乳胶漆可以营造出自然清新的家居气息，同时还提升了整个家居空间的舒适度。此外，在涂以浅色乳胶漆的简约风格空间里，搭配黑漆铁艺的工艺品、木质家具等元素，还能为简约风格的家居环境增添时尚感，并且能赋予空间沉稳温馨的氛围。

◇ 白色墙面不仅具有膨胀感，而且适合营造自然清新的气息

黄正轩设计

◇ 高级灰的墙面是时下简约风格家居常见的选择之一

◇ 米色乳胶漆墙面应用最广，可给室内带来温馨感

○ 金属线条

金属装饰线条一般可分为铝合金线条、铜合金线条、不锈钢线条等。不同材质的金属装饰线条，能为简约风格空间带来不同的装饰效果。

铝合金线条具有质轻、强度高、耐蚀、耐磨等特点，在其表面着色处理后，有着各种鲜明的色泽，显得更加美观。铜合金线条是由黄铜制成，其强度高、耐磨性好而且不易锈蚀，经加工后表面呈金黄色光泽，能为简约风格的空间增添几分贵气。不锈钢线条具有耐水、耐磨、耐擦、耐气候变化的特点，并且表面光洁如镜，在简约风格的空间里运用不锈钢线条，所带来的装饰效果极为突出。金属装饰线条在色彩的选择上比较灵活，丰富的色彩不仅能带来时尚大方的装饰效果，而且独特的金属质感能给简约风格带来别具一格的气质。

◇ 金色线条是现代风格家居营造轻奢感最常用的材料之一

◇ 不锈钢线条与布艺软包的组合在质感上形成冷暖对比，是简约风格卧室床头墙的常用设计造型

◇ 用金属线条划分上下两块不同颜色的墙面

○ 仿石材墙砖

仿石材墙砖是提升简约风格空间品质的最佳材料。在颜色上应选用浅色系，简单的色彩，加上墙砖的石材质感，能为家居空间带来简约而不简单的气质。此外还可以在仿石材砖的墙面上搭配相应的挂饰或者装饰画，避免由于整个墙面在色彩上的统一而显得单调和空洞。

天然的石材砖虽然非常的美观，但使用久了往往会出现氧化变色等情况，其保养的难度会比较大。而仿石材墙砖就很好地避免了此类问题，不仅花纹质感很接近天然石材，而且有些应用了先进的工艺，能使每片砖的花纹都不一样，从而让装饰效果显得更加丰富自然。此外，仿石材墙砖还具有光泽度高、渗水率低、无辐射等优点，相比天然石材价格也更为实惠，同时也容易施工。

◇ 卫浴间采用仿石材墙砖极大提升了整体品质感

◇ 仿石材墙砖同样具有接近天然石材的花纹质感

◇ 利用仿大花白大理石纹理的墙砖拼成一面富有观赏性的电视墙

○ 几何造型石膏板

石膏板是以建筑石膏为主要原料制成的，是一种重量轻、强度较高、厚度较薄、加工方便以及隔声绝热和防火等性能较好的建筑材料，是当前着重发展的新型轻质板材之一。常见的石膏板按材质分为纸面石膏板和纤维石膏板，按功能可分为普通板、耐水板、耐火板、防潮板、隔声板。

简约风格的墙面或者顶面，可以利用石膏板设计一些几何造型，然后在其表面根据空间的整体色彩搭配，以及装饰需要涂刷相应颜色的乳胶漆。这样不仅不会破坏空间的统一性，而且能让石膏板在丰富的几何造型中透露出大气的自然美感。此外，清晰硬朗的石膏板线条，让简约风格的空间显得更为简单、舒适并富有质感。

盘石设计

◇ 与家具造型呼应的不规则石膏板装饰背景富有趣味性

◇ 曲线造型的石膏板造型给室内带来流动的美感

◇ 灰色抛光砖地面更适合打造简洁个性的黑白灰家居环境

◇ 白色抛光砖地面显得过道空间更加开阔

03

地面装饰材料

○ 抛光砖

抛光砖是通体砖的表面经过打磨而成的一种光亮的砖，有着高反光度的特点，给人一种平顺舒适的直观感受。抛光砖不仅可以改善室内采光，而且还可以提升空间的纵深感，因此很适合运用在简约风格的家居空间。简约风格的家居强调的是简单而有品位，而作为基础材料的抛光砖在具备这两种特性的同时，在观感上也有了很大的提升，并且与简约风格所倡导的生活方式极为符合。

在简约风格的空间里运用抛光砖时应注意，其纹理不可过于复杂，选择简洁素雅或者带有不明显纹理的抛光砖，有助于营造简约风格自然舒适的空间氛围。

◇ 米色抛光砖是简约家居地面材料的常见选择

简约风格

○ 实木复合地板

简约风格的家居空间在摒弃传统风格特点的同时，也融入了许多的创新与追求，在地板的选择上也是如此。若是不喜欢强化木地板生硬的外观，但又觉得实木地板难以挑到合适木纹与颜色，作为灵活度较高的实木复合地板将会是一个不错的选择。

实木复合地板可以在表层木面上很好地做到自然与美观完美的结合，不仅能很好地呈现出简约风格简单舒适的特点，在色泽上也给人以自然大方的感受，而且实木复合地板是由不同树种的板材交错层压而成，克服了实木地板湿胀干缩的缺点，因此具有较好的稳定性，并保留了实木地板的自然木纹和舒适的脚感。在地板的颜色上可以选择淡黄色、浅咖色，以符合简约风格的空间特点，如若选择传统木的褐色，则应尽量选择木纹较浅的实木复合地板，以免破坏了简约空间简洁素朴的气氛。

◇ 浅色系列的实木复合地板与木色电视柜的搭配相得益彰

◇ 深褐色的实木复合地板与白色储物柜形成强烈反差

室内设计风格图典

第四章

4

简约风格

室内空间软装细节

01 家具式样

◇ 线条简洁的单椅

简约风格在家具的选择上延续了室内空间简单的线条，因此沙发、床、桌子等不会带有太多的曲线，一般都以直线为主。横平竖直的家具不仅不会占用过多的空间面积，而且可以令整个家居环境看起来更加干净、利落，并富含简约的设计美感。由于简约风格的家具装饰元素较少，所以需要其他软装配饰一起配合才能更显美感，例如沙发需要抱枕、餐桌需要桌布、床需要窗帘和床品陪衬。此外，简约风格的室内设计，其家具与室内整体环境的协调也非常重要，总体特征是造型简单但不失优雅。

简约风格的家具在材质方面往往会大量使用钢化玻璃、不锈钢等新型材料作为辅料，呈现出浓厚的现代时尚感。在家具色彩搭配方面宜精不宜多，宜简不宜繁，常常选择黑、白或银色，很少有装饰图案，显得简单又大方。而且简单的光泽可以使家具更具时尚感，再搭配简单的造型设计、考究的细节处理，打造出简约而美观的家居空间。

从功能选择上来说，简约风格家居常常会搭配运用多功能家具，从而实现一物两用或多用的目的。这些家具为生活提供了非常大的便利，不仅节约了居住空间，同时也让家居生活变得简单惬意。

◇ 功能实用的布艺沙发

◇ 直线造型的衣柜

◇ 色彩明快的睡床

◇ 不规则造型的玻璃茶几凸显强烈的个性感

◇ 钢化玻璃餐桌搭配红白亮色的餐椅富有现代感　　　◇ 直线条的家具是简约风格空间的首选

◇ 烤漆家具独具的温润光泽

◇ 金属支脚的单人椅给空间带来低调奢华的气质

◇ 集衣柜与梳妆台于一体的多功能家具

◇ 大面积玻璃柜门的衣柜能很好地扩大视觉空间感

简约风格在选择灯饰时，要求造型柔美雅致，并且能有条不紊地、有节奏地与室内的线条融为一体，这样不仅能满足基本的照明需求，而且还能达到美化环境的效果。在材质的选择上，多为现代感十足的金属材质，外观及线条简明硬朗，在色彩上以白色、黑色、金属色居多。此外自然界各种绿植、花朵以及波状的形体图案等元素都可以运用到简约风格的灯饰设计上，打造出富有自然美感的简约灯饰，并且在装饰效果上也可以带来更好的表现。

在简约风格中，筒灯是利用率极高的一种灯饰，一般嵌入到吊顶及天花板内，相对于普通明装的灯饰，筒灯更具有聚光性。此外筒灯还能保持建筑装饰的整体统一性，

因此，不会因为灯饰的设置而破坏吊顶设计的装饰效果。在简约风格的家居空间里运用筒灯，可以减少不必要的空间占用，从而突出简约风格清爽、干净的空间特征。

射灯也是简约风格中比较常见的灯饰，由于射灯是高度聚光灯，因此它的光线照射是具有可指定特定目标的。比如强调某个很有味道或者是很有新意的地方，如挂画，装饰工艺品等。射灯主要是安装在吊顶四周或家具上部，或者置于墙内、墙裙或踢脚线里，因此还能突出空间的层次感、制造气氛。需注意的是，由于射灯的高度聚光的特性，照明区域会产生较多热量，所以不能用于近距离照射毛织物、易燃物，否则容易引起火灾。

◇ 吸顶灯

◇ 落地灯

◇ 射灯

◇ 筒灯

◇ 利用柠檬黄的落地灯作为整个客厅空间的点缀色

◇ 明装筒灯和射灯组成卧室空间的主光源

◇ 高低错落的组合型吊灯

◇ 富有趣味性的圆环灯饰也是客厅空间装饰的一部分

03

布艺织物

简约风格的空间要体现简洁、明快的特点，所以在家居布艺上可选择纯棉、麻等肌理丰富的材质。在色调选择上多选用纯色，不宜选择花较多的图案，以免破坏整体简约的感觉，简单的纯色最能彰显简约的生活态度。以床品为例，用百搭的米色布艺作为床品的主色调，辅以或深或浅的灰色作为点缀，能够为卧室空间营造出恬静简约的氛围。在材料上，全棉、白织提花面料都是非常好的选择。

简约风格的窗帘通常以素色布为衬底，加上装饰性的平行折窗幔或者线条简单的纹饰，犹如在平静的水面上荡起层层的涟漪，为家居空间带来了恬静而优美的气质。窗帘材质一般以涤棉、纯棉和棉麻混纺为主。此外，纯色的地毯能为简约风格的空间带来一种素净淡雅的感觉。相对而言，卧室更适合铺垫纯色的地毯，凌乱或热烈色彩的地毯容易使心情激动振奋，不仅会影响睡眠质量，也不符合简约风格简单专注的空间特点。

◇ 简约风格窗帘

◇ 简约风格抱枕

◇ 简约风格地毯

◇ 简约风格床品

软装花艺

在线条简单、素朴清新的简约风格空间里，需要一些装饰元素来丰富空间气氛，花饰的运用则完美地起到了这个作用。但需要注意的是，在简约风格的空间里花饰搭配不宜过多，在色彩上也不可过于多样，如能将花饰的颜色与空间中的其他装饰元素色彩形成呼应，能带来事半功倍的装饰效果。

布置简约流畅、色彩清新舒缓是简约风格家居设计的特点，在花器和花材的选择上也不例外。现代简约风格家居大多选择装饰柔美、雅致或苍劲有节奏感的花材。花器造型上以线条简单、呈几何图形为佳。精致美观的鲜花，搭配上极具创意的花器，使得简约风格空间内充满了时尚与自然的气息，在视觉上营造出了清新纯美的感觉。

在简约风格中，仿真花的运用也十分常见，仿真花不仅可以长久保持花材的色泽和质感，而且还具有可塑性强的特点，因此也给花艺造型设计带来了更多的创作自由，为栩栩如生的花艺作品提供了广阔的舞台。娇艳的仿真花活灵活现，并且热情洋溢，摆设在客厅、卧室都很温馨浪漫，同时为家居空间带来了永恒不败的美丽。

画年代设计

ULD 家居设计

◇ 角落空间不宜选择体积太大的花艺，避免产生拥挤压抑的感觉

◇ 白绿色的花艺是简约风格家居最常见的选择

◇ 客厅茶几上陈设的花艺与其他软装元素形成色彩上的呼应和碰撞

◇ 花艺通常作为中性色空间的点睛元素之一

磐锦设计

05
软装饰品

简约风格家居饰品数量不宜太多，摆件饰品多采用金属、玻璃或者瓷器材质为主的现代风格工艺品。一些线条简单，设计独特甚至是极富创意和个性的饰品都可以成为简约风格空间中的一部分。简约风格中的饰品元素，最为突出的特点是简约、实用、空间利用率高。简约不等于简单，每件饰品都是经过思考沉淀和创新得出的，不是简单的堆砌摆放，而是设计和思路的延展。

墙面装饰在调节简约风格的空间色彩上起着非常大的作用，简约风格的墙面通常以浅色及单色为主，因此容易显得单调而缺乏生气，但也带来了很大的可装饰空间。以照片墙为例，大小不一的相框，搭配几张色彩简洁明快的照片，能立刻让墙面焕发出别样的光彩，使整个简约风格的家居空间在立体感、层次感以及色调对比度上都明显增强。

在简约风格的空间里搭配以适量的装饰画，能在很大程度上提升家居环境的艺术气息。装饰画的内容选择范围比较灵活，抽象画、概念画以及科幻题材、宇宙星系等题材都可以选择采用。装饰画的颜色应与空间的主体颜色相同或接近，一般多以黑、白、灰三色为主，如果选择带亮黄、橘红的装饰画则能起到点亮视觉，暖化空间的作用。此外，还可以选择搭配黑白灰系列线条流畅具有空间感的平面画。

◇ 充满浓郁生活气息的照片墙

◇ 黑白装饰画给人时代感和极强的形式感

◇ 大小与形状不规则的壁饰具有超强视觉冲击力

◇ 抽象的人脸摆件是后现代风格常见的软装摆件

室 内 设 计 风 格 图 典

第五章

5

简约风格

室内空间实战设计

01

客厅

◇ 灯槽吊顶是简约风格客厅应用最广的吊顶类型

◇ 在原始顶面基础上满做吊顶，再以点光源代替主灯照明，简洁且富有特点

○ 简约风格客厅的吊顶设计形式

现代简约风格中，最常见的顶面造型就是根据房屋大小设计的平面直线吊顶。同时再运用反光灯槽和射灯作为辅助光源，让客厅空间显得简约而不单调。平面吊顶在施工过程中只要留好灯槽的距离，保证灯光能放射出来就可以了。吊顶高度一般是200mm左右，高度留太少了灯光透不出来，而灯槽宽度则与选择的吊灯规格有关系，通常在30～60cm。但是当吊顶有中央空调时，空调的出风口往往会影响风口附近灯带的寿命。

为了避免这个问题，在设计和施工过程中，要控制好风口的位置，并尽量与灯带保持在一个安全合理的距离之内，从而做到互不影响。这种设计常见于90平方米左右的中小户型。吊顶通常设计在电视墙一边，或者过道、沙发背景墙、电视墙等三边。

此外，还有一种吊顶将客厅的整个平面进行吊顶处理，并取消主灯的设置，以射灯作为空间的主照明。在空间较为宽裕的大户型中比较常见。

◇ 面积较小的客厅可沿电视墙的一侧设计单边的直线吊顶

◇ 平行排列的斜向线性灯光赋予简约风格客厅鲜明的个性

软装陈设剖析 ✎

整个起居空间包含了正式的起居厅、小休闲区及酒吧区。墙面背景色采用了朴实的白色，并以深色线条点缀，增强空间感。空间里家具的色彩围绕着墙面色彩而展开，都以米白色为主，并且通过图案、材质的改变，达到了视觉统一的效果。吧凳选用棕色皮革，与深色线条遥相呼应，用于点缀的暗紫的绒面靠包，则为空间增添了低调稳重的气息。

软装陈设剖析

高级灰的背景色在柔和的光影下显得静谧优雅，与背景同色的灰色三人沙发显得融合性非常强烈。点缀黑白灰色的图案抱枕丰富了画面的细节，蓝色和银色的格子抱枕则丰富了空间色彩与质感；黑白色抽象的油画让空间的气质得到了很好的升华，艺术气息陡升。金色杆支架黑色灯罩的落地灯，仿佛艺术品般使空间多了几分时尚低奢的气质。简洁的落地书架采用了暗藏光源的形式将装饰品点缀得美轮美奂。

夏沐森山设计

装饰课堂
Decoration

巧用隐形门修正客厅墙面的门洞

客厅中经常会碰到无法移位的门洞出现在背景墙上，这时隐形门的设计就能很好地处理这种棘手的问题，既能让墙面形成一个完整的视觉效果，同时也保留了空间结构上门的作用，可谓一举两得。这种隐形门通常会做成背景墙的一部分，再用各种造型把门掩盖在墙中，隐蔽性更佳。隐形门通常由设计师根据房间环境、风格以及墙壁的造型进行设计，然后连同墙壁、门在现场制作。

张慧设计

初品设计

简约风格

软装陈设剖析

灰色的背景色，奠定了本案空间的理性基调。天然大理石的独特造型搭配装饰画内的灵动线条，动感而震撼。深胡桃色的椭圆茶几，小巧而时尚，并且与地板颜色和谐呼应。客厅主体家具围绕白色、卡其色展开，白色的纯皮三人沙发占主体，搭配卡其色单椅及白色休闲踏，在视觉上统一有序。沙发上卡其色的靠包，以纯色的褶皱纱作为修饰，精美绝伦。

软装陈设剖析 ✏

自然的美景总是让人流连忘返，巨大的落地窗采用无窗帘的设计，被纤细的黑色窗格装点的秩序凛然。墙面采用浅米灰色则让这份阳光得以延续，亲肤的天鹅绒软包沙发十分舒适，蓝色让它更显厚重，有效地调节了浅色氛围带来的冷漠感。大块的黑色编织纹地毯自然朴实，像大地般坚实有力。别出心裁的双造型单椅静静地靠在角落，等待着它的主人与它更亲密地接触。

大集空间设计

禾观空间设计

简约风格

软装陈设剖析

不对称设计的转角沙发非常厚重，并极具设计感。沙发靠包的摆放形式则追求对称，形成了很好的视觉冲突。簇绒面料肌理粗放，锦缎质感贵气婉约，金色的斑马纹又充满原始野性，略显随意的毛呢搭巾打破了这种对称带来的平衡感，设计师通过不同面料的靠包组合，把一个活灵活现的魅力空间展现出来。

Comodo 室内设计

双宝设计

大集空间设计

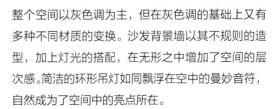

软装陈设剖析

整个空间以灰色调为主，但在灰色调的基础上又有多种不同材质的变换。沙发背景墙以其不规则的造型，加上灯光的搭配，在无形之中增加了空间的层次感。简洁的环形吊灯如同飘浮在空中的曼妙音符，自然成为了空间中的亮点所在。

软装陈设剖析 🖉

在大面积的蓝色背景映衬下，采用原木色的搁板和家具的色彩相呼应，使画面有了轮廓构架感。蓝色的抱枕和搭巾随意的摆放，本身体现的就是一种闲适的态度。搁板上的饰品在蓝色背景的映衬下，很好地凸显了饰品自身的美感。鹿角、原木截块，多肉植物等无一不呈现着空间里的自然气息。

○ 简约风格客厅的地毯搭配方案

合理地搭配地毯，可以衬托出简约风格的空间特点。

纯色地毯是简约风格中最为常见的地毯，纯色能带来一种素净淡雅的效果，而且可以增加空间的简约感，令空间看起来更为宽敞。

如果想让空间看起来更加丰富，则可以尝试搭配拼色地毯。拼色地毯的主色调最好与空间中的某件大型家具相符合，或是与其色调相对应，比如红色和橘色，灰色和粉色等，和谐又不失雅致。在家具颜色较为素雅的简约空间，利用地毯进行撞色搭配，往往能制造出让人惊艳的装饰效果。

除此之外，几何纹样也常被运用在简约风格的地毯设计中。有些几何纹样的地毯立体感极强，适合应用于光线较强的房间，如客厅、起居室，再配以合适的家具，可以使房间显得宽敞并富有情趣。

◇ 黑白拼色地毯给人以现代感

◇ 地毯上富有动感的纹样也是客厅装饰的一部分

◇ 纯色地毯显得素雅纯净

◇ 立体感较强的几何纹样地毯

利用装饰收纳柜进行空间界定

有时候通过简单摆放装饰收纳柜就既能承担家具的功能，又能起到隔断居室的作用，是室内隔断装修最简单的方式。其中以能够推拉移动的书柜或搁架最为方便，将其放置在客厅边缘，就已经造成了隔断的效果。如果能在旁边搭配一些绿色植物，效果会更明显。这种隔断方式非常适合面积小或者不太通透的空间。

软装陈设剖析 ✎

灰色和黄色的组合，有些时候会给人带来不够纯粹的感觉，但是在大面积白色背景的衬托下，反而充满了生活的情趣。细腻的墙面与粗糙的面料形成了强烈的对比，充满了岁月的痕迹，生活的情调，就像黑白胶片陈述着时间的流逝。树干造型的茶几、年轮主题的配画，以及老旧的黑白照片，让整个空间主题饱满、生动，耐人寻味。

简约风格

○ 简约风格空间的质感高级灰应用

高级灰最早出现于绘画当中，是灰色和灰色调的通俗叫法，同时也是一种非常具有质感美的颜色。高级灰并不是单单指某几种颜色，更多指的是整个色调之间的关系。有些灰色单拿出来并不是显得那么的好看，但是经过一些关系组合在一起，就能产生一些特殊的氛围。意大利著名画家乔治·莫兰迪淡薄物外，迷恋简淡，加上一生不曾结婚，被称为僧侣画家。他的创作风格非常鲜明，以瓶瓶罐罐居多，色系也很简单。由于他的灰调画作极具辨识度，因此很多人又把高级灰色调称作"莫兰迪色"。近年来高级灰迅速走红，并深受人们的喜爱，因此，灰色也常被运用到现代简约风格家居的装饰设计中。

◇ 在高级灰的空间中，材料本身的肌理、墙面图案及绿植等都是很好的装饰物

◇ 高级灰的墙面搭配合适的软装布艺，轻松打造一个轻奢气质的空间

◇ 灰色调的客厅空间适合搭配低纯度和明度色彩的家具

◇ 大面积浅灰色会让空间在显得更有格调的同时，又不会有深灰的沉重感

软装陈设剖析

珍珠鱼皮质感的墙纸，奢华毕现，灰色的基调之下，内敛而低调。用稍显绿色的闪亮光泽作为点缀，于奢华中带着自然的气息。图案各异的靠包组合，摆放随意，让略显呆板沉闷的空间环境多了几分洒脱和跳跃。密实的绒毛地毯则很好地呼应了墙纸带来的奢华感。

利用落地灯营造角落气氛

落地灯常用作局部照明，不讲究全面性，而强调移动的便利，并且善于营造角落气氛。落地灯的合理摆设不仅能起到很好的照明作用，而且有着不错的装饰效果。落地灯一般布置在客厅和休息区域里，与沙发、茶几配合使用，以满足房间局部照明和点缀装饰家庭环境的需求，但要注意不能置放在高大家具旁或妨碍活动的区域里。

软装陈设剖析 ✎ 本案例采用了大面积的蓝色，让人沉醉在如同爱琴海般的浪漫空间里，地毯上星星点点的蓝色格子图案，如同少女在海边沙滩上留下的脚印。顶面长短不一的灯具在色彩上巧妙地和空间中的家具及硬装呼应到了一起，显得非常的生动活泼，如同海面上翱翔的海鸥，丰富了单调的顶面空间。

软装陈设剖析

客厅以灰色调为主体，加以部分艳丽色彩进行点缀，让空间更有层次感。在散发着浓厚现代气息的客厅空间里，采光十分充足，无吊灯的设计，更能凸显空间的高旷感。横竖相结合的木饰面软包背景墙，搭配倾泻而落的窗帘，加以灰镜呼应客厅茶几的点缀，让人感受到一股现代都市的时尚潮流。一抹黄色跳跃更呈现了现代风格的气质与魅力。

简约风格

软装陈设剖析

灰色带给人一种高级与时尚的印象，无彩色的零度对比方式也让整个空间和谐统一，绝无轻佻之感。通过材质细节体现品质与变化，是活跃空间的不二法宝。大块的长绒地毯，极富肌理变化，如同波澜壮阔的大海，让人思绪万千，结合石材和镜面，共同构筑出了一个非常精致和时尚的简约空间。

悬挂式电视柜体现简约特点

在当前流行时尚简约的大环境下，许多家庭选择悬挂式电视柜，其最大的特点就是悬挂在墙与背景墙融为一体，因此能节约不少空间。悬挂的电视柜离地面不要太高，否则美观度会大打折扣。更多的时候，悬挂式电视柜的装饰作用超过了实用性。少了复杂的电视柜后，整个空间环境就变得开阔起来，有些悬挂式的电视柜还兼具了收纳柜的作用，既节省了空间还增加了收纳能力。

简约风格

爸派装饰

橙白室内设计

软装陈设剖析 ✎

整体空间以米色横拼墙砖为主基调，搭配白色
乳胶漆墙面，干净简洁。深灰色的布艺沙发，
搭配镜面烤漆人脸凳，是舒适与经典的完美结
合。卡其色大幅水波地毯衬托经典的椭圆茶几，
将宽阔的客厅空间围合。墙上的人物油画，作
为经典收藏挂于客厅墙面，并且成为了墙面空
间的焦点。窗外绿色植物与泳池的色彩与室内
的点点红色形成对此，为空间注入一丝活力与
温情。通体的黑色落地窗，为空间创造良好的
视野和自然采光，室内空间与室外景致的互通
流动，让整个空间呈现出和谐自然的氛围。

橙白室内设计

星翎设计

软装陈设剖析

灰阶的色彩搭配容易给人带来画面混沌，含糊不清的感觉，粉蓝色和粉红色的使用，则打破了这种氛围。由于降低了纯度的色彩组合，让略显中庸的空间环境增添了几许亮丽。重色靠包的位置是视觉重心所在，既平衡了空间，又缓解了整体轻飘的视觉感受。

黄正轩设计

软装陈设剖析 ✐

不同材质的黑白灰调，有机地结合到一起，虽无色彩但具有非常强大的视觉冲击力，因为色彩对比强烈而显得醒目而夸张。浅色的背景下，简练的线条，黑色的主沙发格外醒目，暗藏在素色之下的隐藏花纹把面料细节的精致推到了高潮。充满趣味性的条纹组合踏和主沙发的靠包形成了完美的呼应；不规则矗立的巨幅油画，以其粗犷的笔触与精致的家具相得益彰，且毫无违和感。

纳沃设计

装饰
课堂
Decoration

如何快速确定窗帘配色方案

如果室内色调柔和，可采用强烈对比的手法，使窗帘更具装饰效果，从而改变房间的视觉效果。如果房间内已有色彩鲜明的风景画，或其他颜色鲜艳的家具、饰品等，窗帘则应选择素雅一点的颜色。在所有的中性色系窗帘中，如果确实很难决定，那么灰色窗帘是一个不错的选择，比白色耐脏，比褐色明亮，比米黄色看着高档。

珥本设计

夏沐森山设计

简约风格

软装陈设剖析

沙发抱枕的色彩和装饰画形成呼应，从而让整体空间的色彩形成统一。细数沙发上的 8 个靠包，每个抱枕都纹样迥异，正是这种丰富的纹样差异，打破了因统一色彩而造成的单调感，让整体感觉和谐统一又富于变化，显得趣味性十足。

李忠光设计

瓦第设计

漾设计

○ 黑白主题家居的设计重点

黑白色是最基本和简单的色彩搭配，也是简约风格家居使用频率非常高的色彩。简约风格空间在搭配黑白色时，应注意在使用比例上要合理，分配要协调。过多的黑色会使家居空间失去应有的温馨，因此可以大面积铺陈白色装饰，再以黑色作为点缀，这样的色彩搭配显得鲜明又干净。此外，纯粹以黑白为主题的家居也需要点睛之笔，不然满目皆是黑白，家里就缺少了许多温情。因此可以点缀适量跳跃的颜色，点缀色可以通过花艺、工艺饰品、绿色植物等配饰的搭配来完成。

需要注意的是黑白色客厅要注意布艺、灯饰、家具、饰品等软装元素应尽量选择一些柔软的材质，如木质家具、墙纸、布艺等软装饰。而不适合选择玻璃、钢等硬性材质，不然会使空间氛围变得生硬而冷漠，缺乏温馨感。另外，适当地运用一些曲线条的饰品也可以柔化黑白空间的冷硬感。

◇ 利用复古图案的地毯柔化黑白空间的冷感，整体显得更有层次感

◇ 黑白色调的空间有时给人感觉偏冷，可在后期软装饰品中加入亮色作为点缀

◇ 黑白色搭配的空间应控制好搭配的比例，通常以白色为主，黑色为辅进行点缀

◇ 白色墙顶面与黑色地面、家具形成强烈对比，上轻下重的色彩分布给人稳定的视觉感受

简约风格的客厅装饰画选择

现代简约风格的客厅搭配富有趣味的抽象画是一个十分不错的选择，如果在色彩上和室内的墙面、家具陈设有呼应，能够起到提升空间的作用。装饰画的选择往往不仅仅是作为单纯的装饰，而更应讲究色调、情景、意境。最简单的选择方式就是根据颜色进行搭配，将室内的软装陈设或者布艺和装饰画在色彩上形成统一也能起到很好的装饰效果。

软装陈设剖析

简约风格总是在不经意间制造着无处不在的惊喜，这个空间以蓝色作为主调，巧妙地运用各种色阶的蓝色，组成一幅和谐的画面。白色的透纱染上了蓝色图案，整体比较低调。靠包采用编织的工艺，花纹各不相同。不同材质和面料和谐有序地统一在一起，同时搭配简单的两种颜色，简约而清新。

简约风格

软装陈设剖析 ✐

整面的落地窗无限地延伸了室外的美景，把室内室外两个独立的会客区紧密地连接在一起。整体的主调完全采用白色，最大限度地保留了阳光带来的光感。作为空间主角的室内沙发部分采用更显品质的深灰色，对比强烈，醒目突出。面料上采用了亲肤的短绒棉布，在光线的照耀下，层次分明。靠包则充满生活气息地随意摆放，兽皮搭巾的出现不但增加了材质的层次类型，也把闲适的田园生活完全地展现了出来。

刘丽霞设计

简约风格客厅中，如果将电视机嵌入到背景墙里，对于小空间而言更显开阔。但注意电视后盖和墙面之间至少应保持 10cm 左右的距离，四周一般需要留出 15cm 左右的空间。但是想把电视机嵌入墙体，需要提前了解电视机的尺寸，同时还要注意机架的悬挂方式，事先留出电视机背面的插座空间位置，这样才不会在安装时出现电视机嵌不进去或插座插不上的问题。

严晓静设计

软装陈设剖析

明度最高的白色是色彩中最"清新"的色调，右边采用同样明度较高的浅灰色营造出薄如蝉翼的感觉，给人留下轻柔、清新的印象；灰白之间采用高贵金来过渡，造型自然的山石通过涂金变为现代陈设品诠释了点石成金的装饰艺术。因为空间色调整体明度较高，漂浮感较强，所以选用斑马纹地毯创造清新而不失稳重的品质感。

简约风格

02
过道

○ 简约风格玄关的换鞋凳设计形式

换鞋凳是家居玄关处最为常见的家具，在方便日常生活的同时，还能为玄关空间增添许多美感。简约风格应搭配造型简单并且不占用过多空间的换鞋凳，如嵌入式玄关凳就是非常不错的选择。这种换鞋凳往往和衣柜、衣帽架等一体打造，嵌入墙体，因此一般需要定制，从而可以更加适应不同户型的需要。同时嵌入式换鞋凳由于和其他功能区一体打造，因此可以提高玄关处的空间利用率。

在户型不大的简约风格空间中，可以选择具有收纳功能的换鞋凳，或者利用其他收纳器具作为换鞋凳。如自带小柜子的换鞋凳足以收纳玄关的零碎物品，柜子台面还可以做一些装饰陈列。

如果玄关空间够大，或者收纳需求不多，换鞋凳就不需要考虑收纳功能，选择简单长椅能让玄关空间更具格调。还可以加一些植物、摆件等作为装饰，让玄关处的景致显得更加赏心悦目。

◇ 与衣柜一起打造的去嵌入式玄关柜，实用的同时十分节省空间

◇ 如果觉得长椅式玄关凳太占空间，也可以选择更简洁的双层搁板进行代替，但注意安装的牢固度

◇ 现场制作的可收纳型换鞋凳上可随手摆放包包、钥匙等小物品

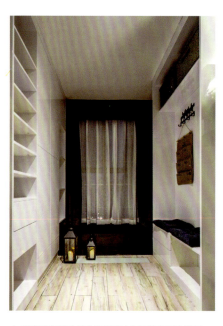

◇ 在带有收纳功能的换鞋凳上面再增加两个垫子，大大提高了舒适度

软装陈设剖析

黑色的玄关柜在灰白的空间里显得稳重而引人注目，弥补了因过道墙面色彩上重下轻而产生的压抑感。墙面的马赛克拼图有着后现代的时尚与锐利，黑白灰的基础色加重了这种冷峻的感觉，而黄色迎春花与蓝色装饰瓶之间产生的色彩对比显得活跃而机警，从而调和了这清冷的气氛，让空间瞬间变得时尚活泼起来。玄关柜上摆放的饰品形成三角构图，给人感觉稳固而充满变化。

软装陈设剖析 🖊

悬空的吧台以及柜体营造出了简约的建筑体量与质感。土黄色的陀螺形椅子点缀了空间的色彩，并且由于自身形状的圆形特色，使空间格调变得柔和许多。极具力量与平衡感的半蹲体操运动员雕塑，给空间带来了充满动感的艺术气质，起伏的肌肉，平衡的手势，仿佛有无穷的力量。墙面的留白给空间留有了遐想的余地，极简致美。

简约风格

软装陈设剖析 ✐

浅灰色的墙面和柜门给空间营造出了淡淡的简约韵味，边柜上的陈设品采用了金字塔的构图方式，形成了递进稳定的画面感。左侧棋子般的装饰瓶，利用书本垫高其中一个形成了高低差，丰富了画面层次，同时书本的颜色也采用了粉红色与空间形成呼应。圆形的花器插几枝白色的树叶，在背景的映衬下显得雍容华贵。画面中间的粉红色和棕色色块，通过圆孔透明亚克力板的遮挡，形成了时尚的背景衬底。黑白简笔画和球形灯罩的摆放，平衡了整个空间的画面感。

装
饰
Decoration
课堂

简约风格鞋柜设计形式

玄关的鞋柜最好不要做成顶天立地的款式，做个上下断层的造型会比较实用，分别将单鞋、长靴、包包和零星小物件等分门别类，同时可以有放置工艺品的隔层，这样的布置可以让玄关空间变得生动起来。有些小户型的空间可以将鞋柜设计为悬空的形式，不仅视觉上会比较轻巧，而且悬空部分可以摆放临时更换的鞋子，使得地面比较整洁。

软装陈设剖析

本案中以颜色的跳跃吸引着人的眼球，背景以蓝白灰色为主色调，并进行有序变化提升了整个空间的活跃感，与此同时，壁柜上以装饰画进行搭配，在搭配上也采用了几何的造型，进行抽象的艺术行为总结，使整个画面统一在这个抽象的世界里，让充满艺术感的空间再一次得到了升华。

耕图建筑装饰设计

李忠光设计

软装陈设剖析

在走廊尽头的端景放置边柜，柜门采用了不同颜色的木纹拼接而成，营造出一种时尚撞色的美感。玫瑰金边条的镶嵌则丰富了柜体的质感，使其看起来高级精致。柜体上白色的装饰画同样采用玫瑰金边框，而画面却没有内容，反而衬托出了柜体上的饰品。玫瑰金的台灯放置，在平衡画面的同时，也增加了高贵的气息。柜体上的黑框装饰画、台灯、花瓶在白色底色的映衬下轮廓分明、摆放有序。

APD 设计

维塔设计

美志光设计

软装陈设剖析 ✏

空间中的墙面并没有进行过多的硬装装饰，以直线条为主。在公共空间的走廊进行了黑白地面拼花造型的设计，搭配竖向黑白颜色的灯具。灯具融合在空间中，让整个空间显得格外的协调。圆桌上的花艺与窗外茂密的树叶遥相呼应，在空间里展露着生机。

软装陈设剖析 ✐

在这个简约的角落中，竖条的实木隔断仿佛丛林般神秘延伸，墙面上的手绘麋鹿装饰画，意境深远、富有灵魂。边柜上黄色的迎春花枝，与麋鹿挂画形成了前后对比关系，让挂画在空间里更加生动与富有生机。中间的白色陶瓷装饰花瓶和洒落桌面上的花瓣，形成了随意自然的画面感。黄色的台灯在这里让画面的平衡感完善，灰色布艺的座礅和绸布让空间看起来舒适且随性。

美庭设计

大集空间设计

欧阳金桥

简尚设计

子时国际设计

欧阳金桥

装饰 课堂
Decoration

过道的顶面设计重点

过道的顶面装饰可利用原顶结构刷乳胶漆稍做处理，也可以采用石膏板做艺术吊顶，外刷乳胶漆，收口则采用木质或石膏阴角线，这样既能丰富顶面造型，又利于进行过道灯光设计。顶面的灯光设计应与相邻客厅相协调，可采用射灯、筒灯、串灯等灯饰。作为使用频繁的家庭过道，最好不要选择冷色调的灯光提供照明，可以选用与其他空间色温相统一或接近的暖色调灯光。

瓦第设计

以勒设计

禾观空间设计

简约风格

03

餐厅

◇ 在餐厅背景墙安装大块镜面延伸视觉空间

○ 简约风格餐厅中的镜面材质应用

简约风格的餐厅的装饰墙面上，除了常用的镜框、装饰画、挂盘等元素之外，还可以将餐厅的背景墙设计成刻花镜面造型，在有效放大空间的同时，还可以将投影留在其中作为装饰，起到了丰富餐厅空间的作用。

由于直接用灰镜或者银镜，其强烈的反射也许会给人过于强烈的视觉冲击，因此，在镜面上做刻花处理可以有效地舒缓反射给人带来的冲击力，并且有着虚实结合的装饰效果。此外，小户型的简约风格餐厅还可以将吊顶设计成灰镜造型，不仅能借助镜面的反射性增加餐厅空间的采光，同时还在视觉上提升了餐厅空间的层高。

镜面吊顶在施工的时候要注意镜子背面要使用木工板或者多层板打底，最好不要使用石膏板打底。镜子在安装一般都是用玻璃胶粘贴或者是使用广告钉固定，石膏板能够承载的重量不如木工板，因此可能会存在安全隐患。

◇ 利用几何造型的挂镜有效增大视觉空间

◇ 刻花处理的镜面虚实结合，富有装饰性

◇ 餐厅顶面安镜可解决空间层高不足的缺陷

软装陈设剖析 ✎

金色的圆盘状瀑布形管状吊灯，与空间中墨绿色的背景形成了绿色加金色的经典奢华搭配。同时在灯具的造型上，也形成了一个倒锥形的视觉焦点，所有光源的指向性更接近于台面，能够给餐厅这个小区域提供非常好的桌面照明效果。另外，灯具金属的材质与餐桌椅的软性材质形成了软硬度的对比，丰富了空间中的视觉质感。

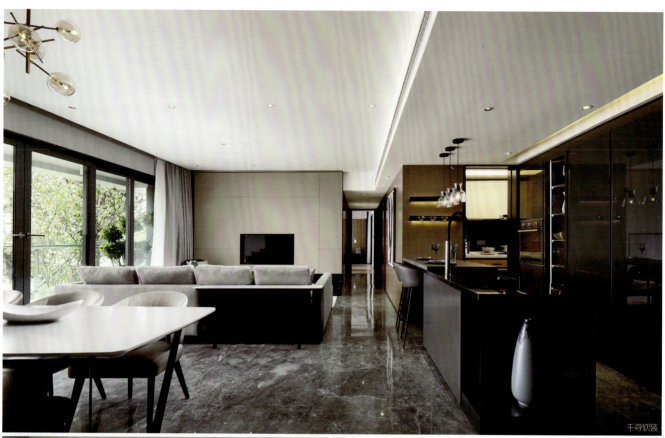
千寻软装

黄正轩设计

子时国际设计

品川设计

两册空间

简约风格餐桌摆设方案

现代风格的餐桌摆设以简洁、实用、大气为主，同时，对装饰材料和色彩的质感要求较高，餐桌上的装饰物可选用金属材质，且线条要简约流畅，可以有力地体现简约风格的特色。简约风格餐具的材质包括玻璃、陶瓷和不锈钢，造型简洁，基本以单色为主。一般餐桌上餐具的色彩不会超过三种，常见黑白组合或者黑白红组合。有时会将餐具色彩与厨房或者冰箱色彩形成呼应。

软装陈设剖析

简洁的白色空间，剔除了繁杂琐碎的墙面装饰，在光影的作用下，形成了巧妙的色彩变化。经典的褐色餐椅搭配线性几何造型的吊灯，立体而时尚。卡其色纱帘，增加了空间的深度。在简约风格的家居空间，无须繁复的装饰，但需要经典的造型和精致的细节，以表达出简约的家居气质。

○ 简约风格餐厅的餐桌摆设形式

餐桌居中的摆设是餐厅最为常见的摆设。这样的摆设在考虑餐桌的尺寸的同时，还要考虑到餐桌离墙的距离，一般控制在 80cm 左右较为合适，这个距离是包括把椅子拉出来，以及能使就餐的人方便活动的最小距离。

此外，由于很多餐厅都是与客厅或者厨房共用一个空间。因此，为了节省餐厅极其有限的空间，将餐桌靠墙摆放是一个很不错的方式，虽然少了一面摆放座椅的位置，但是却缩小了餐厅的范围，对于两口之家或三口之家来说已经足够了。

如果要想将就餐区设置在厨房，需要厨房有足够的宽度，通常操作台和餐桌之间，甚至会有一部分留空，可折叠的餐桌是一种不错的选择。可以选择靠墙的角落来放置，这样既节省空间又能利用墙面扩展收纳空间。虽然餐桌的面积有限，但完全可以满足一家人的使用需求。

如果操作台的空间不够，还可以考虑将餐桌当成临时操作台，为厨房减负。打造一物多用的理念，既将空间进行了充分的利用，又表现出新潮实用的特性，把自娱自乐的饮食生活在私密的厨房空间里完美实现。

◇ 餐桌居中摆设

◇ 吧台代替餐桌

◇ 餐桌靠墙摆设

◇ 餐桌于厨房中摆设

大集空间设计

新澄设计

新澄设计

二三国际设计

餐厅软装饰品陈设方案

餐厅软装饰品的主要功能是烘托就餐氛围，餐桌、餐边柜甚至墙面搁板上都是摆设饰品的好去处。花器、烛台、仿真盆栽以及一些创意铁艺小酒架等都是不错的搭配。餐厅中的软装摆件成组摆放时，可以考虑采用照相式的构图方式，或者与空间中的局部硬装形成呼应，从而产生递进式的层次效果。

琪本设计

辰佑设计

壹度设计

软装陈设剖析 ✎

整个空间给人一种舒适，安静，惬意的感觉。设计师在空间里搭配了清雅平淡的颜色，但是造型上如同云朵般的灯具，让人情不自禁地想登高望远。灯具运用了白色搭配和整体空间格调融合相宜。落地窗上的拉帘微微下拉，仿佛挡去了窗外世俗的风尘，退去繁华的霓虹，在高楼林立的都市中回归隐逸的生活。

双宝设计

拓本设计

新澄设计

奕纬国际设计

橙白室内设计

简约风格

李忠光设计

瓦笔设计

夏沐森山设计

装
饰
课堂
Decoration

餐厅灯饰的最佳悬挂高度

餐厅灯饰照明应营造出其乐融融的进餐氛围，既要满足餐厅空间的照明需求，又需要有局部的照明作点缀。餐厅灯饰以低矮悬吊式照明为佳，考虑家人走到餐桌边多半会坐下对话，因此灯饰高度不宜太高。一般吊灯与餐桌之间的距离约为 55～60cm，过高显得空间单调，过低又会造成压迫感，因此，选择让人坐下来视觉会产生 45 度斜角的焦点，且不会遮住脸的悬吊式吊灯为佳。

软装陈设剖析

餐区两款同样造型别致的灯具悬于餐桌之上，不但没有在空间里形成突兀的感觉，而且以直线和曲线穿插搭配，再点缀以灰色、咖色，形成了融洽的空间气氛。空间中深色的墙面和墙面前的装饰画，运用地干净利落，对比强烈。加上空间中餐椅餐桌造型的选择，打造出了一个硬朗率性的空间。

04

卧室

○ 简约风格卧室中的多功能家具应用

简约不是真正意义上的简单，而是需要建立在满足强大的储物功能之上，才能做到简化物品，并实现简单的生活方式。因此，简约风格的家居适合选择一些具备收纳作用的多功能家具。多功能家具是一种在具备传统家具基本功能的基础上，实现一物两用或多用目的的家具类产品。

例如隐形床放下是床，将其竖起来就变成一个装饰柜，与书柜融为一体，不仅非常节约空间，而且推拉十分轻便。还有多功能榻榻米，一提起月牙形拉手，下面隐藏的储物格，就能通过化整为零的块面分割，形成不同的收纳空间。还可以在榻榻米上设置升降桌，借助电动、手摇两种控制系统，控制桌子自由升降，让榻榻米能够满足不同的功能需求。

沙发床也是简约风格中非常常见的多功能家具。沙发床可以放在卧室或者是书房内，平常可以作为座椅使用，当需要时，又可以充当床具。而且可以在沙发床下设计收纳空间，既能收纳又能防灰，同时还能隔绝地上的湿气。

◇ 多功能榻榻米

◇ 底部带有强大储物功能的睡床

◇ 三边贴墙的地台床

◇ 与书柜融为一体的隐形床

软装陈设剖析 ✎

灰色系的室内空间，搭配天然黑胡桃色地板，给空间奠定了理性的基调。深咖色的软包床头与六斗边柜，为灰色空间注入沉稳的色彩。灰蓝色丝质靠包搭配墙面装饰画，形成了完美的呼应，并且丰富了空间的色彩层次。灰色系的卧室，以它的宁静让人的心灵得到栖息，享受远离喧嚣的恬静与浪漫。

新澄设计

装
饰
课
堂
Decoration

条纹改变空间高度

永恒经典的条纹元素，在现代简约风格的设计中经常出现。一般来说，横条纹图案可以扩展空间的横向延伸感，从视觉上增大室内空间；在房屋较矮的情况下则可以选择竖条纹图案，拉伸室内的高度线条，增加了空间的高度感，让空间看起来不会显得那么压抑。实现墙面的条纹通常有两种方式：一种是铺贴带有条纹图案的墙纸，另一种是利用木线条、金属线条再结合其他装饰材料的运用来实现。

欧阳金桥

橙白室内设计

瓦第设计

软装陈设剖析

现代极简的卧室空间，大面积的白色，使空间看起来干净整洁。灰色与黑色的点缀，则让空间的气质更加时尚纯粹。大幅的黑色波点装饰画采用了正圆与椭圆两种形式，画面夸张、造型奇特，营造出了空间的时尚与趣味性。贴金箔的画框和台灯相呼应，营造出了细腻高贵的质感。一株小小的粉红色插花则瞬间让空间生动活泼了起来。

软装陈设剖析

城市里喧嚣的氛围以及忙碌紧张的生活节奏，让以简胜繁的简约风格备受青睐。本案空间以咖色为主色调，通过不同明度与纯度的变化，让空间节奏分明、深浅有度，精致而不张扬。黑白格子的床盖设计，带来了浓郁的生活气息，并与地毯形成了巧妙的呼应。草绿色的配饰和布艺点缀了空间色彩，营造出了一个含蓄优雅、潮气蓬勃的居住氛围。

瓦美设计

珥本设计

无主灯照明设计方案

常规的光源设计是空间顶部一个主光源，并在周边加上辅助光源进行搭配。而在简约现代风格的空间常常会打破这种常规的灯饰设计，如在卧室中不使用主光源，其主要照明依靠隐藏于吊顶的光带以及散落于顶部的筒灯，也完全可以满足空间的照明需要。无主灯的设计越来越受到年轻业主们的喜爱，但需要注意的是吊顶光槽口的高度一般要大于15cm，光源尽量选择暖光或者中性光。

软装陈设剖析

简约风格的床品以素净的色彩、少而精的配套以及简洁的形式为特点。白加灰的无彩色搭配给人以简约雅致的感觉。床品的配套简练精致，素白的被套与中灰的床裙形成体量和色彩的对比，素白的枕头与中灰的靠枕形成了完美的互补。简约的卧室空间里没有过多的装饰，整体给人以干净、利落、高雅的感觉。

软装陈设剖析

婴儿蓝的世界沉淀着不为人知的秘密，纯净的仿佛是雨霖甘露，滴落在心湖的碧波间，犹如那令人寻觅的世外桃源。墙上的婴儿蓝让卧室覆盖了一层柔和的光芒，图案的用法更是妙不可言，既点缀了一屋子的鲜活气息，又丰润了色彩装饰的层次，让空间显得柔美且不失坚韧。

张慧设计

纳沃设计

装饰课堂
Decoraion

如何快速确定抱枕配色方案

想要选好抱枕的颜色，就要搭配好房间里的其他色彩。如果家中的花卉植物很多，抱枕色彩图案也可以花哨一点；如果是简约风格，则更适合搭配条纹的抱枕，能很好地平衡纯色和样式之间的差异；如果房间中的灯饰很精致，那么可以按灯饰的颜色选择抱枕。此外，根据地毯的颜色搭配抱枕，也是一个极佳的选择。

星翮设计

以勒设计

HWCD 设计

设计

素设计

李忠光设计

软装陈设剖析 ✎

清雅素净的蓝白花纹，仿佛从骨子里都透着清澈见底的气质，于张弛间动静分明。串珠台灯的造型感和壁纸的锁链图案存在某种内在的联络，彼此呼应，秩序井然。插画式设计的靠包印花，流露着人们对于自然的向往。经典铆钉元素的加入，则为空间增添了几分硬朗，同时，让空间的秩序感得到了进一步的加强。

AD 大隐设计

匠臣图像

双宝设计

黄正轩设计

卧室选择体现个性的圆床

圆床一般适合运用在现代简约风格的空间中。如果卧室装修成欧式奢华或传统中式风格的话，就尽量不要选择圆床，否则会显得格格不入。圆床占用的空间相比普通床来说更大一些，所以卧室空间要够大，否则摆进去会显得很局促。另外，如果居住者年龄偏大，一般也不太适合选择圆床，对于中老年人来说，一些圆床的设计反而会给他们带来行动上的不便。

软装陈设剖析 ✏

明媚的春光顷刻洒满极具童趣的卧室空间，两只恐龙悠闲地漫步在森林的大地上，主题的贯串让整个室内满含童话的情调。床头皮带的造型设计新颖独特，趣味横生；灰色和黄色的搭配，质朴而低调；强烈的画面感让人仿佛置身梦幻的史前原野。

欧阳金桥

瓦集设计

漾设计

艾克建筑设计

软装陈设剖析

格子布床头带来的优雅、年轻与活力，是一种直达内心的感动。黑和白，条理清晰，秩序井然，但也难免给人带来刻板的感受。设计师采用红色大纹理针织搭毯，用红色炽热的情怀彰显激情。点睛之笔的双靠包，采用夸张的花卉图案，让内心的那份激情彻底释放，气场无限。

橙田设计

维塔设计

耕图建筑装饰设计

维塔设计

隐巷设计

卧室床头灯光设计方案

卧室是一个温馨私密的空间，设计床头背景时增加一些灯光，但是灯饰的造型应符合设计要求。由于床头柜本来很小，如果再放个台灯会占去很多空间，但很多人习惯靠在床头看书，所以可以考虑将灯光设计在背景中，如用光带、壁灯都可以。对于面积较小的卧室空间，通常可以根据总体搭配的需要选择小吊灯代替床头柜上的台灯。

瓦第设计

禾观空间设计

简约风格

05

书房

◇ 组合式书桌

○ 简约风格书房中的书桌搭配方案

很多简约风格的小书房是利用阳台、客厅等角落空间设计的，一般很难买到尺寸合适的书桌和书柜，因此为其量身定做一张书桌会是一个不错的选择。还可以考虑在桌面下方留两个小抽屉，这样很多零碎的小东西都可以收纳于此，需要注意的是抽屉的高度不宜过高，否则抽屉底板距离地面太近，可能下面的高度不够放腿。

如果有独立的书房但面积不大，可以考虑靠墙悬挑一块台面板代替写字桌的功能，可以使整个空间显得比较宽敞。但是需要注意的是这种悬空的台面板最好不要过长，否则往往会在使用了一段时间以后出现弯曲现象。

除此之外，组合式书桌在简约风格书房中的利用率也很高。组合式书桌大致有两种类型，一类是书桌和书架连接在一起的组合，还有一类是书桌和书架不直接相连，而是通过组合的方式相搭配。由于其集合了书桌与书架两种家具的功能于一体，从而让简约书房的空间结构在视觉上显得更为简洁。此外组合式书桌还有着强大的收纳功能，能够在很大程度上缓解小书房的收纳压力。

◇ 现场制作书桌

◇ 双人书桌

◇ 悬空面板代替书桌

Comodo 室内设计

云司国际设计

软装陈设剖析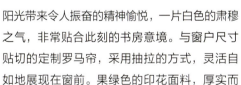

阳光带来令人振奋的精神愉悦，一片白色的肃穆
之气，非常贴合此刻的书房意境。与窗户尺寸
贴切的定制罗马帘，采用抽拉的方式，灵活自
如地展现在窗前。果绿色的印花面料，厚实而
质朴，因此也成了空间里的视觉亮点。此时此刻，
坐在窗边，再品上一杯浓郁的咖啡，尽情享受
阳光和自然带来的温暖与轻松。

书房空间的照明设计重点

装饰
Decoration
课堂

书房照明主要用于满足阅读、写作，因此要考虑灯光的功能性，款式简单大方即可。此外光线要柔和明亮，避免眩光产生疲劳，使人舒适地学习和工作。间接照明能避免灯光直射所造成的视觉炫光伤害，所以书房最好能设置间接性的照明光源，如在顶面的四周安置隐藏式光源，这样能烘托出书房沉稳的氛围。此外，书桌、书柜、阅读区等可以搭配台灯作为重点照明。

软装陈设剖析 🖊

伊姆斯和小沙里宁两位大师共同设计的橘红色有机椅，是本案空间的经典色彩代言。孔雀蓝的背景色，雅致而放松，并且烘托出了有机椅的独特气质。空间里家具以及墙面的配色都有着独具一格的个性时尚，而地面的原木色，则为空间带来了不忘初心的寓意。

严晓静设计

二三国际设计

共和设计

以勒设计

橙田设计

软装陈设剖析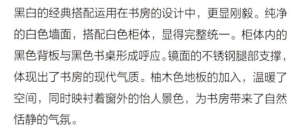

黑白的经典搭配运用在书房的设计中，更显刚毅。纯净的白色墙面，搭配白色柜体，显得完整统一。柜体内的黑色背板与黑色书桌形成呼应。镜面的不锈钢腿部支撑，体现出了书房的现代气质。柚木色地板的加入，温暖了空间，同时映衬着窗外的怡人景色，为书房带来了自然恬静的气氛。

品川设计

刘丽霞设计

力设计

禾观空间设计

张慧设计

小户型书房的书柜陈设方案

房间比较多的家庭，通常会单独设立书房。而对于空间局限性较大的小户型而言，书房通常会与客房或者其他功能房合为一体，从而满足多样化的使用需求。很多小户型家庭会选择将书柜放置在儿童房。因为儿童本身有大量的书本收纳需求，家长的图书可以顺带一起收纳。也可以利用客厅的电视墙、沙发背景墙、过道等区域设计书柜，此外，用书柜作为书房和客厅之间的隔断，也是一种充分利用空间的设计手法。

简约风格

橙田设计

欧阳金桥

纳沃设计

禾观空间设计

画年代设计

耕图建筑装饰设计

简约风格

◇ 把飘窗台完全拆除，成为平日饮茶聊天的好去处

○ 飘窗台改造成休闲区的设计重点

简约风格的家居，往往不会有多余的空间用于设置休闲娱乐区，因此可以对飘窗进行开辟设计，以弥补这个缺憾，同时也让家居功能更加完善。由于飘窗的高度会比一般的窗户低些，因此不仅有利于使用大面积的玻璃改善采光，而且有助于室内空间在视觉上得到延伸。飘窗的改造无须大张旗鼓，只需一方矮几、几个抱枕，可以把这里打造成平日饮茶聊天的好去处。还可以给飘窗定做舒适的坐垫，随时都可以坐在这里饱览窗外美景。此外，可利用飘窗的一个内侧，增加简单的墙面多层搁板，让休闲空间同时具有一定的置物功能。

需要注意的是，飘窗如果是钢筋混凝土浇筑而成的，往往具有辅助承重的作用，如果将钢筋切断，会破坏建筑的主体结构，所以绝对不能拆。因此，如果需要对飘窗进行改造。一定要提前询问物业，切忌私自拆除。

◇ 小户型的卧室可把飘窗台改造成一个兼具储物
  功能的休闲区

◇ 在飘窗台上增加一个垫子，增加舒适性

◇ 利用软垫把飘窗台打造成临时的睡床

软装陈设剖析

一个空间里多种组合饰品，组合好了是和谐美，组合不好则是杂乱无序，既然要多种饰品组合得有层次美，就要在颜色上、形态上、大小上、空间上进行合理安排。这个空间以灰蓝色和灰色为主，沙发和茶台错落的位置摆放加强了空间的整体感。边架上的画框摆设大小有序，就连画的主体风格也呼应了整个空间格调。在其左上角又以蓝色的装饰品作为点缀，增添了整个空间的生气。

两册空间

壹度设计

品川设计

张慧设计

装
饰
Decoration
课堂

具有影音功能的
休闲区设计重点

有些家中的休闲区具有影音功能，因此在水电施工的时候就要预留好设备线路，比如投影机的电源线、网络线等，如果是环绕音响也要在安装音响的位置预留线路。另外，安装投影的空间尽量不要用吊灯，以免影响投影效果。有些影音室顶面的星空灯光很有特色，其实做法很简单，只要在顶面设计平面吊顶，在吊顶内部安装光源控制器和光纤，在吊顶上打小洞，将光纤穿过来，最终完成后贴顶剪短，通电后就能为顶面空间点缀出星空的灯光效果了。

简约风格

软装陈设剖析 ✏

咖啡色的运用提升了空间高雅的气质，咖啡的颜色就像它的味道让人意犹未尽。咖啡色的胡桃木纹饰面给空间营造出了简约的高级感。壁炉上一幅白色的简约主义抽象画将空间的重色进行了调和，使空间看起来主题突出且不压抑。从上面垂到画面高度的咖啡色玻璃吊灯，与黑色人形雕塑形成了艺术的对话形式，使画面看起来富有情趣。茶几上的玫瑰金色托盘和饰品贵气优雅，橘色的花枝则巧妙地灵动了整个画面。

以勒设计

千寻软装

软装陈设剖析

亮丽的山杨黄在白色的环境里显得尤为引人注目，它带来的热情让原本单调的空间活力四射。一张圆形地毯有效地将款式各不相同的单沙发组合起来，清晰地将空间进行了形式上的划分。黑白相间的地毯使得浅色调的空间瞬间有了下沉感而不显轻浅。家具的造型现代感十足，在角落摆放的艺术雕塑为空间增添了浓郁的现代艺术气息。

星翰设计

橙白室内设计

欧阳金桥

新澄设计

欧阳金桥

美庭设计

如何选择吧台区的吧椅

吧椅一般可分为有旋转角度与调节作用的中轴式钢管椅和固定式高脚木制吧椅两类。在为家居搭配吧椅时，不仅要考虑它的材质和外观，并且还要注意它的高度与吧台高度的搭配是否合宜。按照材料的不同，吧椅可以分为钢木吧椅、曲木吧椅、实木吧椅、亚克力吧椅、金属吧椅、塑料吧椅、布艺吧椅、皮革吧椅和藤制吧椅等。按照使用功能的不同，则可以分为旋转吧椅、螺旋升降吧椅、气动升降吧椅和固定吧椅等。

软装陈设剖析

空间中的主灯采用了米白的色系，与硬装上大面积的深灰色的基调，形成效果上的反差。同时材质上采用了蓬松的质感，与空间当中家具的休闲感相互呼应。空间的其他区域中采用了多点的散性布光方式，从而增加了灯光的层次感。

央宫室内设计

壹度设计

子时国际设计

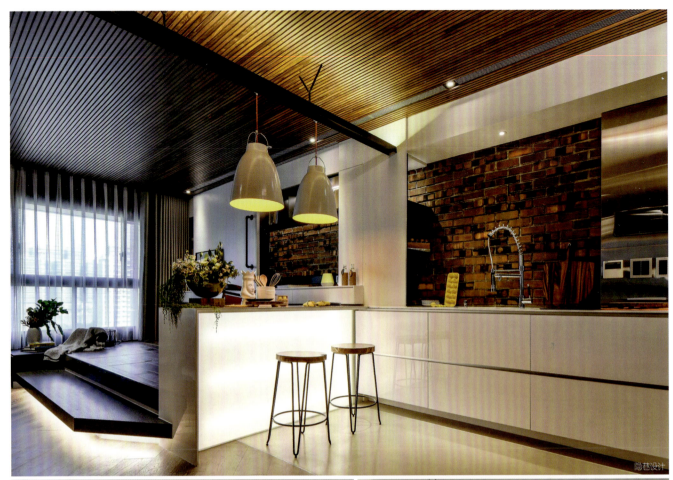

隐巷设计

黄正轩设计

黄正轩设计

辰佑设计